TANK CHAIR 2

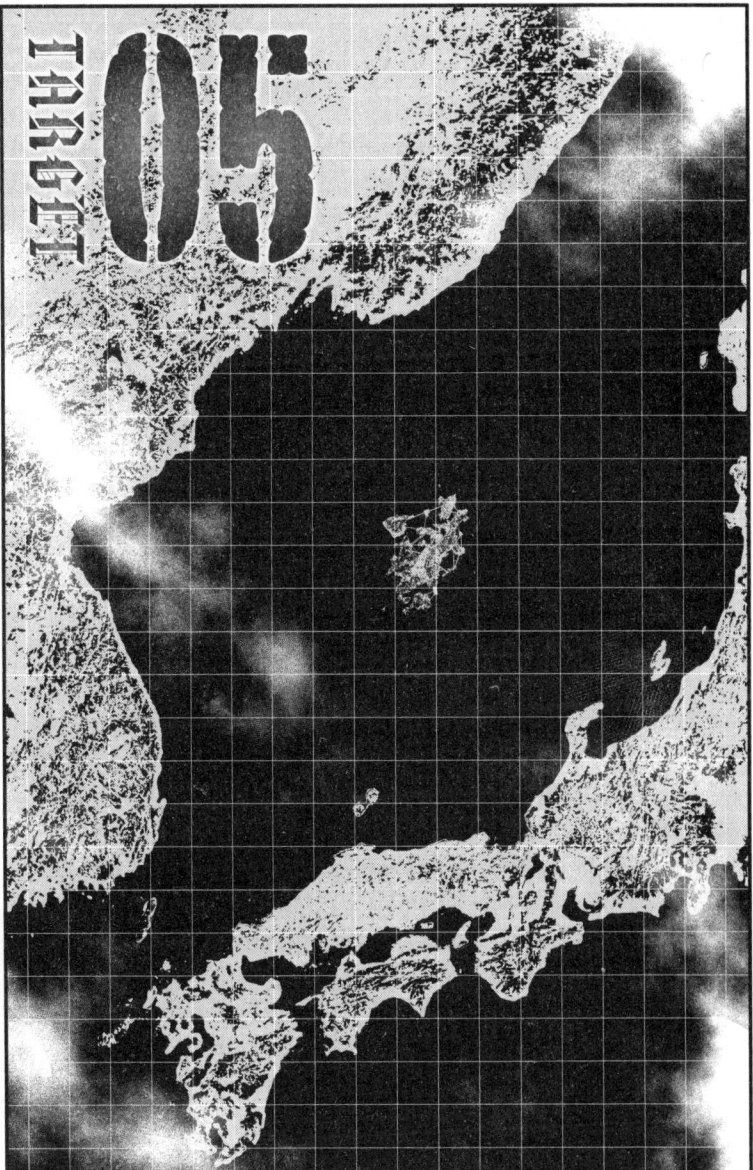

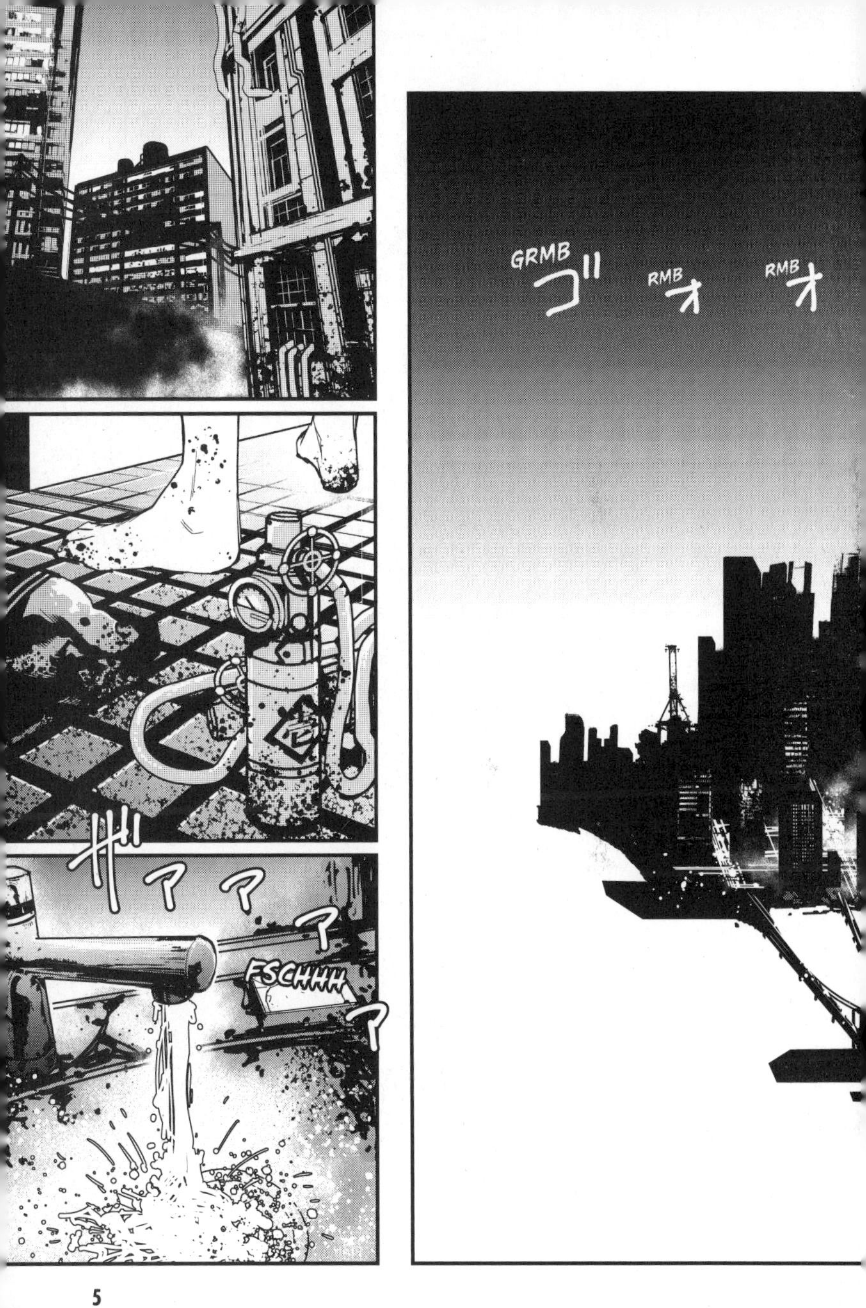

GRMB
ゴ

RMB
オ

RMB
オ

D... Dieser Körper ... hat auch ... Vorteile ...

Unser Band ist jetzt stärker als je zuvor.

Er kann dem Ältesten nicht entkommen. Wozu das alles?

Er ist in katastrophaler Verfassung, und dennoch scheint er zufrieden.

Er galt als Wunderkind der Akademie, doch das hat er einfach weggeschmissen.

Aber was heißt das?!

Ohne besondere Fertigkeiten mussten wir Körpermodifikationen über uns ergehen lassen, um nicht getötet zu werden.

Es war nicht umsonst, denn heute gehören wir zur A-Klasse.

...

...

Wir haben es ausgesessen.

HUST

HUST

Überfordert
mit unseren neu
erworbenen Kräf-
ten machen unsere
Körper eh nicht
mehr lange mit.
Bald werden wir
daran zugrunde
gehen.

Wollten wir,
beziehungsweise
ich als großer
Bruder, dass es
so kommt?

BIEP BIEP
BIEP

VON: ÄLTESTER
AN: NAOZUMI KUROSAKA

ERWARTE DEINEN
LAGEBERICHT. DANKE.

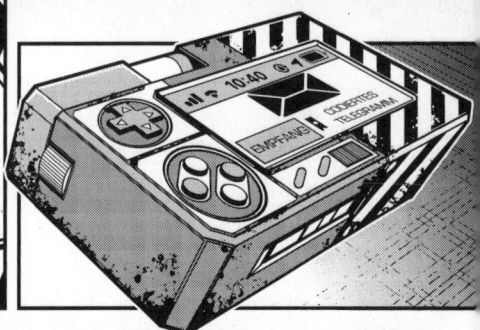

Die inhärenten Eigenschaften des Tons und die Intention des Töpfernden lassen das Gefäß entstehen.

SIRRR

DSCHHHHHT

BLPP

Es vermittelt die ursprüngliche Freude, mit eigenen Händen etwas zu erschaffen.

So ähnlich wie bei meiner Arbeit als Mentor.

Ich liebe das Töpfern.

Ich wusste, dass ich ihn zurückhaben muss.

Wenn es unter allen Gefäßen eins gibt, das der Vollkommenheit am nächsten kommt, dann Nagi.

Äh, Ältester ... Was Nagi angeht ...

Zurückhaben ...?

Ihm wird seine Flucht verziehen?

...?

Ja, Nagi war nicht schlecht. Aber war er so gut, dass es all das rechtfertigt?

Ja ...
So weit
ich das aus
unserem
Kampf
beurteilen
kann ...

Der
Roll-
stuhl
...

DSCHHHHHT

... steckt in
seinem Hirn eine
Kugel, die ihn in
so eine Art Koma
versetzt. Er wacht
nur auf, wenn jemand
beabsichtigt, ihn
zu töten.

...

FLOTSCH

...

Der
Arme.

Äh? Nein ...

Weißt
du,
was ich
wirklich
hasse?

Naozumi.

J...
Ja?

1 ...‹

2 ...

Hä?!

3 ...

Oder so? Weil Sie... immer barfuß laufen ...

...

Pah ...

Nein ...

Socken!

Ä... Ähm! Schuhe ...

Einmal alle zehn Jahre.

Nein! Manchmal trage ich auch Socken.

Die richtige Antwort lautet ...

Ah ... Haha ... Ja, stimmt.

Ahaha!

... Unvoll-
kommen-
heit.

Nichts
hasse
ich
mehr.

Kannst du das
Gefühl nachvoll-
ziehen? Wenn du
alles in ein Gefäß
gesteckt hast,
und es kurz vor
seiner Vollendung
beschädigt wird?

15

WUUOOOOOH ゴ"

Das Ziel der Akademie ...

... ist das Erschaffen vollkommener Gefäße.

Zum Beispiel ...

... Shizuka Tahira.

Doch immer sind es die Missratenen, die jene mit dem meisten Potential aus der Bahn werfen.

... wäre Nagis Körper jetzt noch intakt.

Ohne diese Stümperin ...

TAPP

Oh.

Ach so.

Naozumi und Toko Kurosaka, ihr setzt auf Guicheng Island eure Suche nach den Tahiras fort.

Hah ...

Scheitert erneut, und ihr macht euren „Abschluss".

Er hat vorhin die Akademie verlassen und müsste in fünf Minuten bei euch sein.

Arbeitet ihn gut ein.

GLPP

Außerdem stelle ich euch einen Neuen aus der A-Klasse zur Seite.

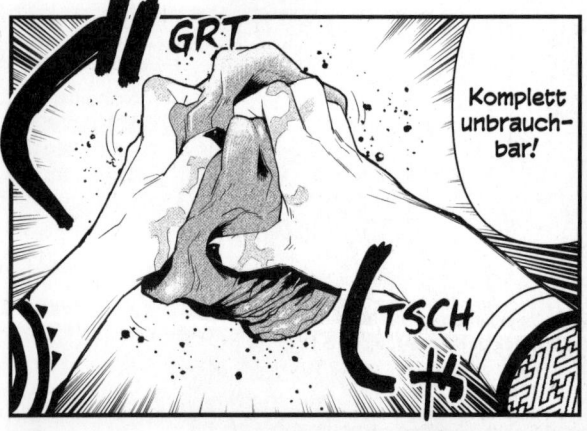

GRT

TSCH

Komplett unbrauchbar!

Hm ...

SWUSCH

BZZ

BZZ

BIIIEP

AR-Modus
deaktiviert.

Fuck
...

Hah ...
Puh ...

Wie war das
gemeint, von
wegen er wäre
in fünf Minuten
hier? Von der
Akademie bis
nach Guicheng
sind es gut
1.000 Kilometer?

HSCH!

Hm?
Der
Neue?

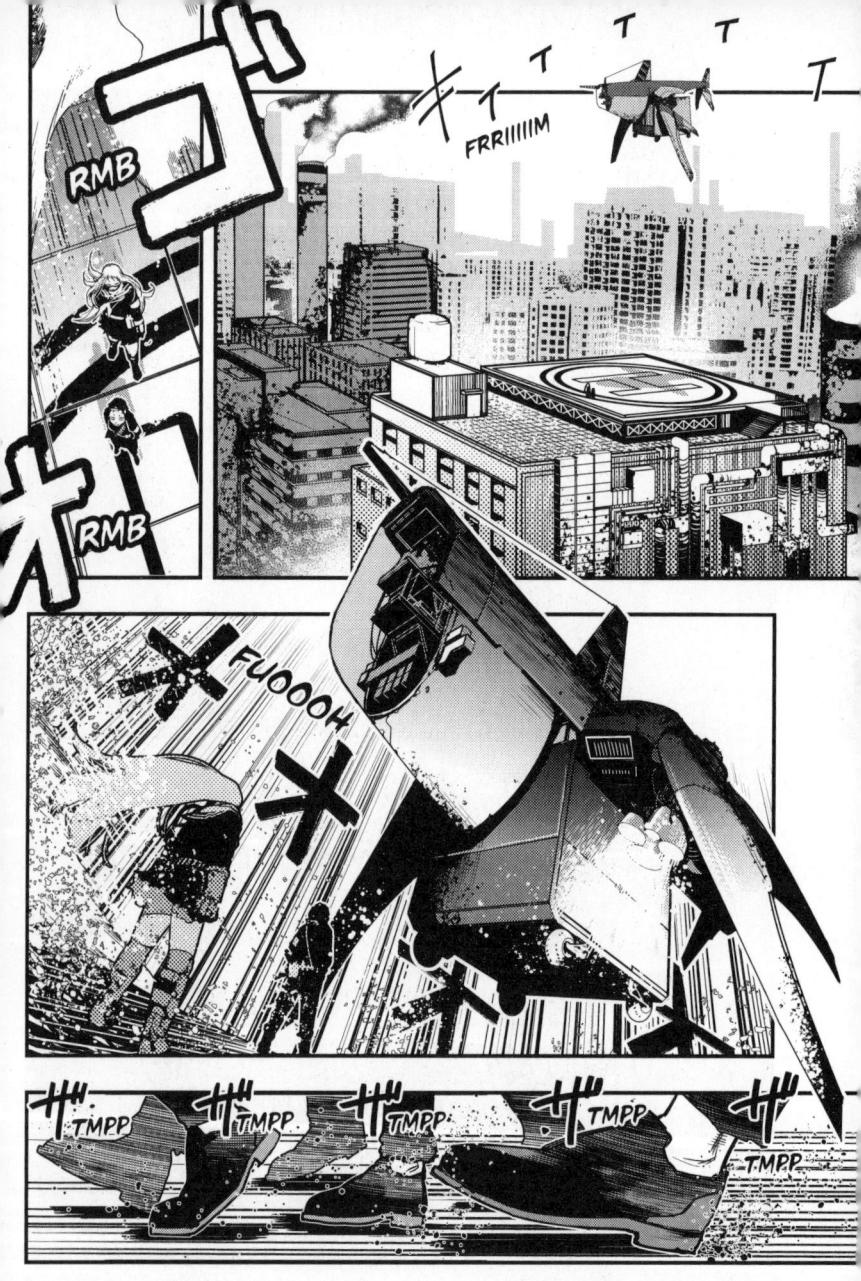

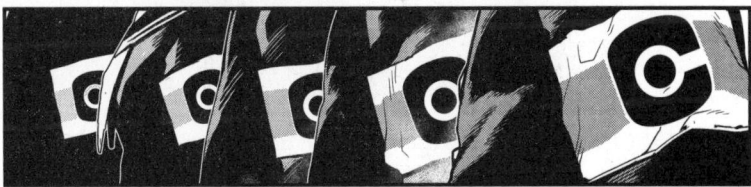

Danke fürs Herkommen.

Schulordnung
Paragraph 25, Absatz 3
„Sonderrechte der A-Klasse in Personalangelegenheiten"
Per Paragraph 3, Absatz 1 haben niederrangige Schüler
höherrangingen Schülern Folge zu leisten. Insbesondere
Schüler der höchstrangigen A-Klasse haben die
Möglichkeit, beim Schülerrat die Zuteilung von bis zu
50 Schülern aus der C-Klasse zu beantragen, die nach
Bewilligung zu Einsätzen außerhalb der Akademie
abgesandt werden können.

Ich schätze, man hat euch bereits informiert, aber ich erkläre euch die Mission trotzdem noch mal.

Die Zielpersonen sind Nagi und Shizuka Tahira.

Ehemalige Schüler der Akademie, seit drei Jahren auf der Flucht.

Vor kurzem konnten wir sie hier auf Guicheng Island ausmachen.

Eure Aufgabe besteht darin, den Aufenthaltsort der beiden auszukundschaften.

Schneidet ihnen jeglichen Fluchtweg von der Insel ab!

Gruppe 1 überwacht alle Transportmittel zu Land, Wasser und in der Luft.

Dazu werdet ihr in zwei Gruppen eingeteilt.

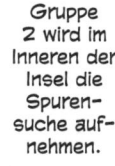

Gruppe 2 wird im Inneren der Insel die Spurensuche aufnehmen.

Glaubt nicht, nur weil er im Rollstuhl sitzt, hättet ihr eine Chance.

Er wird euch töten.

Das Kämpfen überlasst ihr uns aus der A-Klasse.

... die Schulhymne.

Und jetzt, bevor wir mit der Mission beginnen...

1:

Wo Gräser und Bäume
zerstreut, Vieh und Wild
verschwunden in der Ödnis,
In Rosttönen schimmert
meine Alma Mater,
Lasset uns formen, lasset
uns ringen,
Das Blut unserer Freunde,
Quelle unserer Kraft.

2:

Wo ein Gewirr aus
Fleisch, so makellos
wie ein Juwel,
Da schimmert eine
standhafte Seele,
Lasset uns erheben,
lasset uns preisen,
Ihr Blick unfehlbar,
unsere Lehrer.

3:

Wo der Puls des
Lebens, vergeblich
bewahrt, o Leere,
Eine gewetzte Klinge
schimmert, gerichtet
gegen sich selbst,
Lasset uns opfern,
uns verzehren,
Mein nutzloses Selbst,
verstreu dich für
immer.

Alter,
was
wird
das?

Machen
ihm die
Wunden
gar nichts
aus?!

Danke
fürs
Warten,
Leute.

BLPP

BLPP

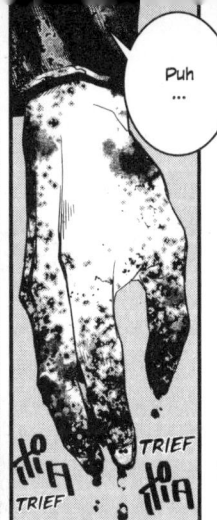

Puh
...

TRIEF

TRIEF

HA

HA

Die
Missi-
on!!

FWPP

FU

UUOOOOOH

Auf den war Kopfgeld ausgeschrieben!

Hab ich auf den einschlägigen Seiten recherchiert!

Sekunde, lass uns das kurz klarstellen!

Zuerst ... Wer war das?

Nagi hält sich in seinem verkrüppelten Körper doch nur mithilfe der Mordlust anderer am Leben, oder?

TAPP

Na ja, üüübelst!!

Oh, sorry. Zieht mir kurz mal jemand die Messer aus dem Rücken?

Ja, und?

Äh ... und wie hängt das mit der Mission zusammen?

Und wenn wir die aus dem Weg räumen, wird er ganz schön alt aussehen.

HSCH!

Äh, Toko? Du sollst die Messer rausziehen, nicht weiter rein rammen!

Was ich sagen will, alle auf Guicheng Island, die halbwegs was auf dem Kasten haben, sind Medizin für ihn.

RTT

RTT

H' H ...
RASCHEL

Allein bei meinem Morgenspaziergang hab ich schon jede Menge Medizin eingesackt.

Hab nichts anderes wartet von der gefährlichsten Stadt im Universum.

...

Verglühen die „Sterne des einfachen Mannes" schon bald?

Ihr habt es allein durch Ehrgeiz in die A-Klasse geschafft, wo sich sonst nur geborene Talente tummeln.

FUUOOOH

In eurer Haut will ich nicht stecken. Die Sache mit Tahira ist verzwickt.

Klappe zu, du notgeile Elektrobime.

Hey ... Bist du nicht im Klub für Schulangelegenheiten, Terasawa? Tust du deinem ehemaligen Kumpel aus der B-Klasse einen Gefallen?

Ich werde es für immer auf meiner HDD speichern, auch ihren Fans zuliebe.

Schick mir vor Tokos Tod bitte noch ein Foto von ihr.

VNNN

NN

Anfragen, die so beginnen, verheißen nichts Gutes.

Puh, langsam, langsam.

38

Als jemand aus der B-Klasse hab ich keinen Zugriff auf das Register der A-Klasse! Ich würde gegen die Schulordnung verstoßen …

Ahh! Vergiss es!

… Uzu.

Ich will mehr über den neuen A-Klässler wissen. Er heißt …

Entspann dich, Mann! Ich hab doch gar nicht Nein gesagt!

Da liegen meine Fotos aus der Mädchenumkleide … Woher weißt du das?!

?!

KLACK

KLACK

KLACK

KLACK

KLACK

KLAAAAACK

Oh, hallo? Ist da der Disziplinarausschuss? In dem Ordner „Gesammelte Prüfungen" auf dem Computer von Terasawa aus der B-Klasse befindet sich Material, das gegen Akademie-Richtlinien verstößt.

Für einen guten Freund tu ich alles, ist doch ein Klacks! … Na also! Volltreffer!

Was denn?

PLING

Warte kurz.

Ich teile meinen Bildschirm.

Whoa … Dein Ernst?

REGISTER

NAME: UZU

NO IMAGE

WARNUNG

ZUGRIFFSRECHTE BENÖTIGT

A+

BITTE AUF
„ZURÜCK" KLICKEN.

WARNUNG

ZURÜCK

Als A+
klassifizierte
Informationen
können nur mit
den höchsten
Zugangsrech-
ten eingesehen
werden. Nicht
mal A-Klässler
kommen da
ran.

Mit
anderen
Worten,
da hat
niemand
Zugriff,
außer ...

Der
Mentor, der
Älteste.

...

SCHAUDER

Seine
Wunden
sind so
gut wie
verheilt.

Sachte!

Er scheint
nahezu un-
sterblich ...

Genau
wie ...

Nur eine kleine Aufmerksamkeit als Begrüßung.

DODOMM

Ich leg dich um, Nagi. Verlass dich drauf.

Und dann wird der Älteste mich als den Überlegenen anerkennen.

STRIB

KA

ZOMM

Er
kommt.

... ist
nicht
der von
Shizuka ...

Dieser
Wunsch
zu töten
...

Nagi.

Ja.

Wo
sind
wir?

Du bist
wach. Hast
du das eben
gespürt?

Ein Unterschlupf im Heishi-Bezirk.

Oh, tut mir leid.

FUUOOOOOH

Seit uns die Kurosakas entdeckt haben, wechseln wir alle 12 Stunden unseren Standort.

Kein Zweifel, dass das mit der Akademie zu tun hat ...

Ach was.

... aber unsere Koordinaten kennen die auf keinen Fall.

Sag nicht, die haben unser Versteck gefunden?

Schon gut.

Glaubst du, die Mordlust gerade kam von jemandem von der Akademie?

... Dro-hung?

Als ...

Dieser Wunsch zu töten war nicht nur auf mich gerichtet.

Er war allumfassend.

STIRB

STIRB

Ja. „Ihr könnt euch nicht verstecken! Bald seid ihr fällig!"

Lass mich zurück und verschwinde aus Guicheng, solange du kannst!

Ich sag's noch mal.

!

Hm?

Shi-zuka.

...

Unser Verfolger scheint auf eine fast kindische Art überheblich zu sein, so wie er sich im Voraus angekündigt hat.

Du spürst es auch, oder?

Das schon wieder.

Das haben wir längst geklärt.

Noch dazu fühlte sich das ...

... merkwürdig vertraut an ...

Aber ich hab noch nie so einen starken Willen und Blutdurst gespürt.

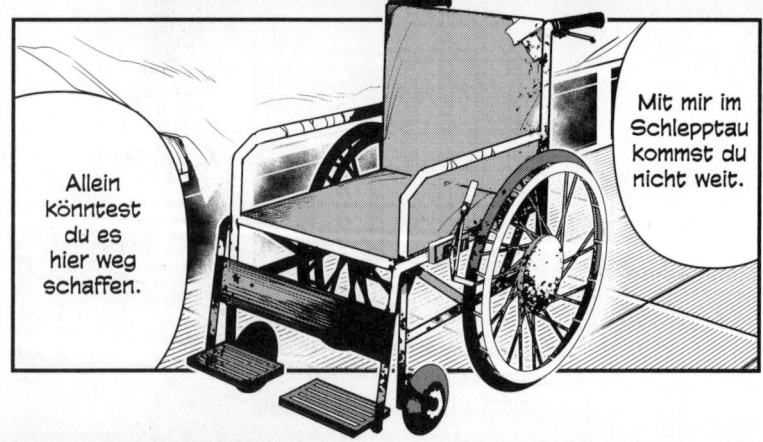

Allein könntest du es hier weg schaffen.

Mit mir im Schlepptau kommst du nicht weit.

... zu den Ohren raus!

Mir hängt's ...

Aber so was von!

Hä?

Hach, wie immer ...

Immer nimmst du alles auf dich und sagst Zeug wie „Bleib zurück! Das ist zu gefährlich!"

Tut es das?

Äh.

Und im Rollstuhl sitzt du auch nur, weil du die Kugel für mich kassiert hast.

Ich hab null Begabung.

TROPF
TROPF
TROPF

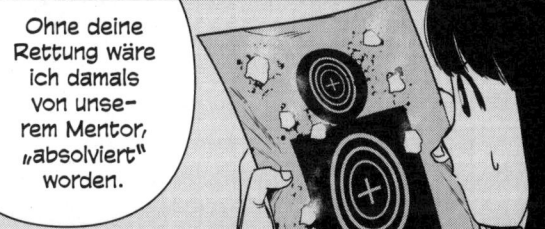

Ohne deine Rettung wäre ich damals von unserem Mentor „absolviert" worden.

PAMM
Jetzt bin ich dran mit Retten!
Also ver-lass dich zur Abwechslung einfach mal auf deine kleine Schwester!

Die Mordlust des Ältesten würde dich bestimmt heilen, oder?

Kann uns nur recht sein, wenn die zu uns kommen.

Willst du das? Wenn es dazu kommt, haben wir nur eine Chance. Sonst war's das mit uns.

Du kennst den Ältesten doch.

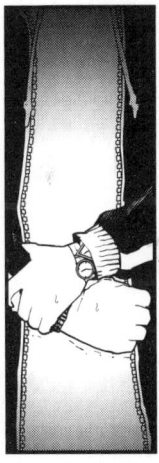

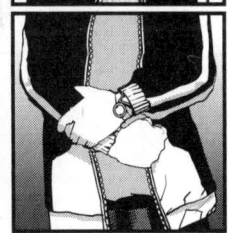

Aber seine Schwester ist zu nichts zu gebrauchen. Wertloser Abschaum.

Der große Bruder, Nagi, ist bereits einer der Stärksten.

Fünf Jahre sind sie schon hier.

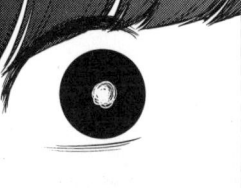

Hmm.

Na dann.

So etwas brauche ich nicht.

I... Ich hab einen Plan!

Oh? Dann lass hör...

...

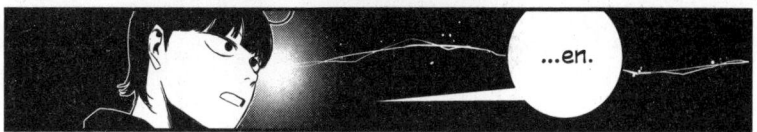

...en.

Hä?

Runter!

Ru...

PAMM

Und boom! Jackpot, Baby!

Dem Gerücht, dass sich hier 'n Mädchen und ein Rollstuhl-Typ rumtreiben, mussten wir natürlich nachgehen.

Hey, hätten wir nicht zuerst den Kurosakas Bescheid geben sollen?

Ich weiß. Aber wir haben's mit Nagi Tahira zu tun, Mann!

Mensch-sein fängt an der Akademie erst in den höheren Klassen an.

In der C-Klasse dürfen wir nicht mal unsern Scheiß-haarschnitt selbst bestimmen.

Hmf! Der Auftrag vom Ältesten ist unsere Chance! So können wir uns auf direktem Weg in die A-Klasse befördern!

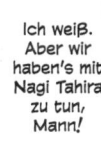

Also.

Wo ist die Leiche von diesem Würst-chen?

Ach, laber nicht! Der ist doch nur noch Gemüse.

Oder Schweizer Käse, nach der Aktion gerade.

HI! KRCK
フ
フ KRCK

Nagi!

Die dürfen nicht Alarm schlagen!

Mein Rollstuhl ist im Arsch. Wie soll ich die einholen?

Ah!

Uh!

Wa!

Ah!

ズン SWUSCH

Kh ...

Ich will nicht sterben!

Was war das für ein Monster?!

Ver- dammte A-Klasse!

Hah!

Hah!

Ich hab Angst!

Hah!

Fuck!

Fuck!

Ratter ...?

RATTER

KRCK

Wargh!

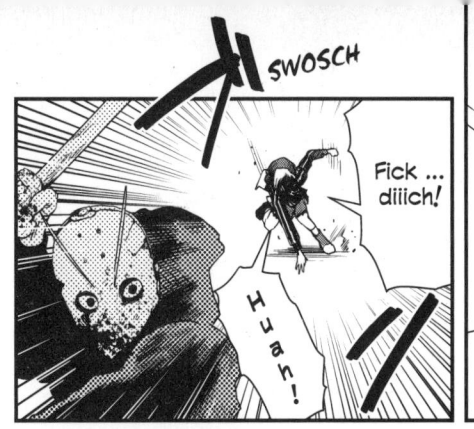

SWOSCH

Fick ...
diiich!

Huah!

Du wolltest
doch endlich
mal deinem
Bruder
helfen! Dann
schieb!

...

NEIN!

NICHT!

KULLER

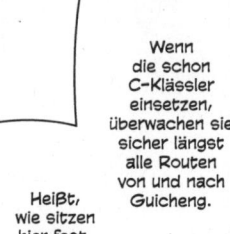

Wenn die schon C-Klässler einsetzen, überwachen sie sicher längst alle Routen von und nach Guicheng.

Heißt, wie sitzen hier fest.

ゴォ オ オ オ オ
FUUOOOOOH

Bist du müde?

Ziemlich.

Ja, ist ja gut.

GLOTZ
...

...

Okay.

Ich verlass mich auf dich, Shizuka.

Die Akademie, beziehungsweise ...

... der Älteste soll sich warm anziehen!

Was hast du vor?

KRCK

RTT

Aber leicht wird das nicht. Ohne Plan kommen wir nicht wieder lebend zurück.

!

Verstehe. Das heißt, wir ...

Nur so haben wir eine Chance gegen den Ältesten.

Das Modell „ohne Typ" fertigstellen.

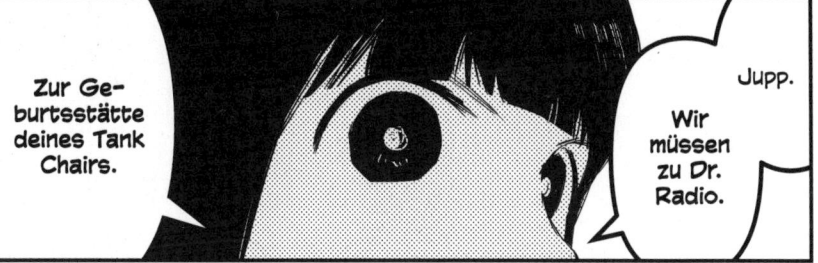

Zur Geburtsstätte deines Tank Chairs.

Jupp.

Wir müssen zu Dr. Radio.

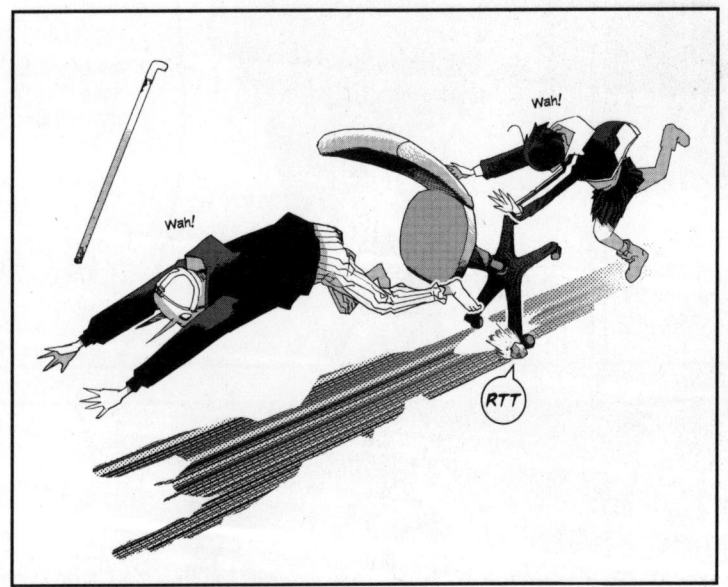

Bürostühle bitte nicht zweckentfremden!

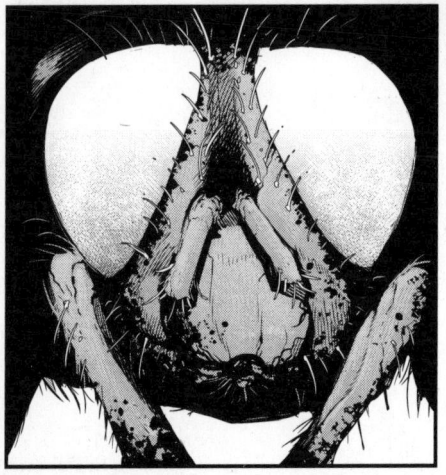

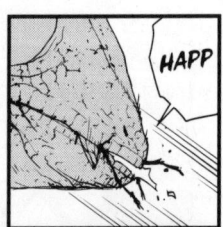

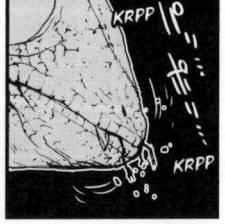

Guicheng Island,
Bezirk Kigai

...

Jetzt
sei nicht
so!

Es ist wichtig.
Wir müssen
persönlich
reden.

Wir haben
den ganzen
Weg auf uns
genommen.
Schalte we-
nigstens die
Fallen für uns
aus, ja?

Abge-
lehnt.

Ich werde
euch garantiert
nicht helfen, euch
mit der Akademie
anzulegen. Das
wäre Selbstmord!

FLAPP
FLAPP

War
klar, dass
du längst Be-
scheid weißt,
Dr. Radio.

Macht keine
Dummheiten
und taucht
wieder
unter!

Natürlich
weiß ich,
warum ihr hier
seid.

Meine Au-
gen sind
überall auf
Guicheng
Island.

Hach
...

Ja.

Hast
recht.

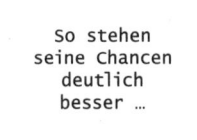

So stehen
seine Chancen
deutlich
besser ...

Ver-
nünftig.

Hä?

FRRRRRN

オ...

FUOOOH

Hm ...?

STIRB

FWOOOOOSCH

オオオ

Ich bin wach ...

Wir wussten, dass du Nein sagen würdest!

Typ Sechs?! Bitte nicht!

Tank Chair Typ Sechs: Schallgeschwindigkeit

FWAMM

SKRI—

Agh!

BZZ

Drei Kilometer bis zum Radioturm.

Roger!

TSCHACK

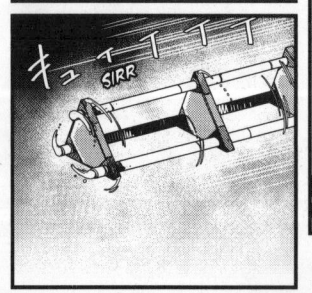

SIRR

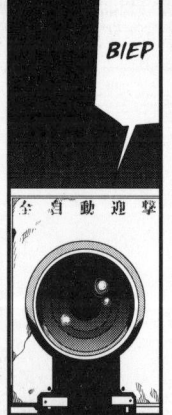

BIEP

全自動迎撃

Jetzt nur noch geradeaus und wir sind ...

BIOCHEMIE-EXPERIMEN

... am Ziel?!

Hm?

SCHLPP

SCHLPP

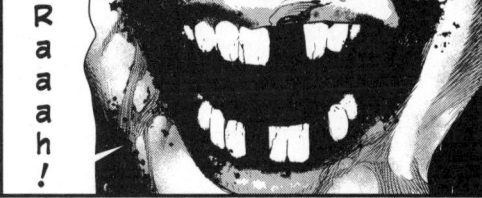

Raaah!

Shit!

Nagi!
Leg 'nen
Zahn ...

TSCHACK

Grah!

ざわ
TUMMEL

ざわ
TUMMEL

Igh!

Ugh!

ざわ
TUMMEL

Vor
uns!!

...
zu!

Das sind
verdammt
viele!

Eklig!

KNACK

GAH?!

Was?

Fest-
halten!

ク
SKRACK

80

WUUUM

FUOOOH

RADIO CENTER NO. 3

... am Ziel!

Jedenfalls sind wir...

Hä? Vor dem bisschen ...?

MEIN NACKEN!

UGH!

Hast du vergessen, dass ich nur ein normaler Mensch bin?!

DNAMM

！

ゴゴゴゴゴゴゴ

RMB
RMB
RMB
RMB
RMB
RMB

KRI
KRI
KRI
KRI
KRI
KRI

ゴォォォォ
FWOSCH

Hart-
nä-
ckig.

RTSCH

Ja.
Ich
weiß!

ゴゴゴゴ
RMB—RMB—RMB—RMB—RMB
RMB

KRCK KRACK

Nagi!

Sind
wir echt
so uner-
wünschte
Gäste?!

RTSCH

Dumm und dümmer.

Ugh.

Wir sind da.

Pft!

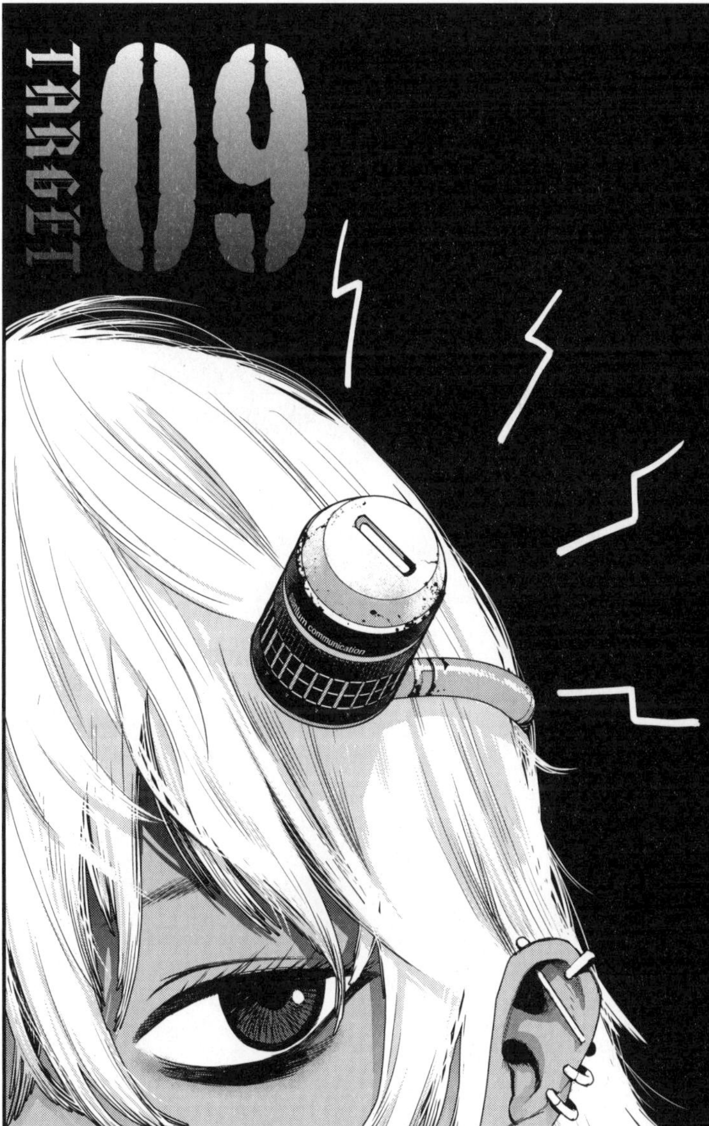
TARGET
09

FUOOOH

Kh
...

Uhu
...

KRCK

KRCK

KRCK

KR

DODODOMM!!

FUOOOH

Was
ist,
Kom-
man-
deur?

...

Geht
schon
mal vor.

Wusste ich
doch, dass
hier noch eine
von diesen
miesen Rat-
ten steckt!

BRÖCKEL

RSCH

RSCH

RSCH

...

W... Wer?!

....?!

Säuberung abgeschlossen!

RATATAMM

WUMM

ZUCK

Bruder!

Vor drei Jahren, Guicheng Island

!

Bist du Dr. Radio?

... weil du Tiere per Hirnwellen fernsteuern kannst, oder?

So nennt man dich ...

FWUPP

Oh, hast du Hunger? Ich hab Hundefutter dabei.

Du hast die Laborleitung des Wissenschaftsministeriums übernommen, da warst du noch keine 20. Was machst ein Genie wie du hier?

Ist dein Körper auch hier? Auf der Insel?

Hey! Funktioniert das über diese Antennen am Kopf?

TPP

TPP

TPP

...

Hey!

Hier ist ein Streuner, der herumspioniert. Können Sie sich um den kümmern? Ich bin ...

Ist da der Express-Tierservice 119?

Hey!

FWPP

Hallo?

94

Ich möchte, dass du etwas für mich baust.

Haha. Ich wusste es!

Was zum Geier willst du?!

Hilf mir ...

... und ich schaffe für dich diesen Mann aus der Welt.

...!!

Keine Ahnung, was dich mit ihm verbindet, aber er wird rund um die Uhr bewacht. Und du bist kein Killer, du hast nicht den Hauch einer Chance.

Den Anführer der Söldnerarmee, der selbst auf Guicheng gefürchtet wird.

Und was ... soll ich für dich bauen?

...

Ja, und?

Ich glaube, das passt ziemlich gut.

Was ist noch mal dein Spezialgebiet? „Forschung zur Ergänzung der körperlichen Funktionen und der besonderen Pflege und Betreuung durch den angewandten Maschinenbau"?

Was für ein Zungenbrecher.

Einen Rollstuhl.

Einen zum Töten.

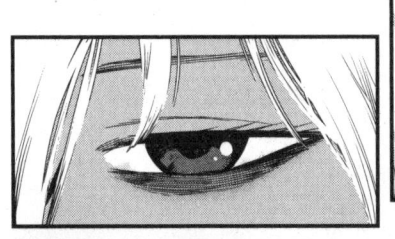
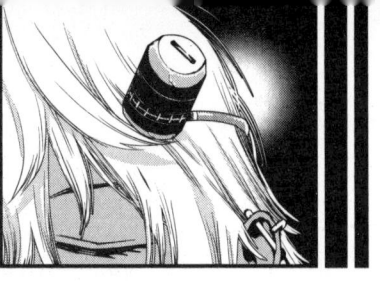

Ist die
irre?

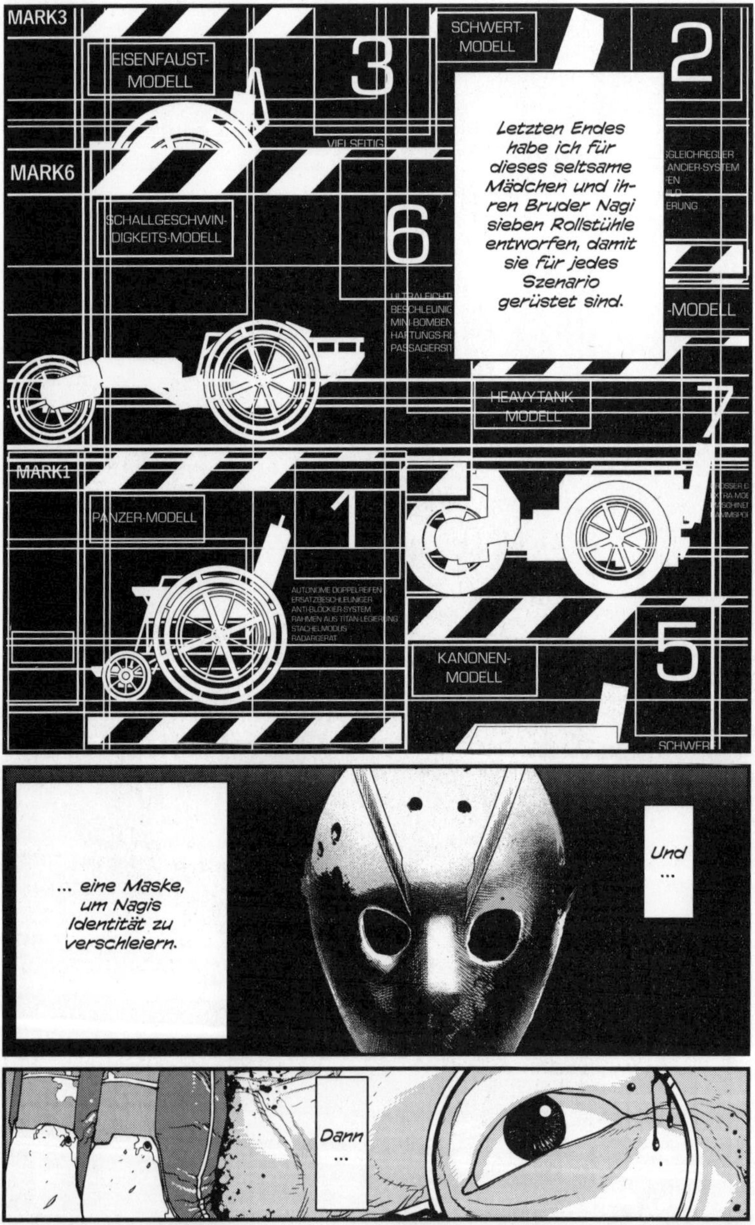

MARK3

SCHWERT-MODELL

2

EISENFAUST-MODELL

3

VIELSEITIG

MARK6

SCHALLGESCHWIN-DIGKEITS-MODELL

6

> *Letzten Endes habe ich für dieses seltsame Mädchen und ihren Bruder Nagi sieben Rollstühle entworfen, damit sie für jedes Szenario gerüstet sind.*

-MODELL

HEAVYTANK MODELL

7

MARK1

PANZER-MODELL

1

KANONEN-MODELL

5

... eine Maske, um Nagis Identität zu verschleiern.

Und ...

Dann ...

... noch am gleichen Abend bekam ich meine Rache.

Ein Monster, das sich von Mordlust ernährt und selbst die Stärksten zur Strecke bringt ...

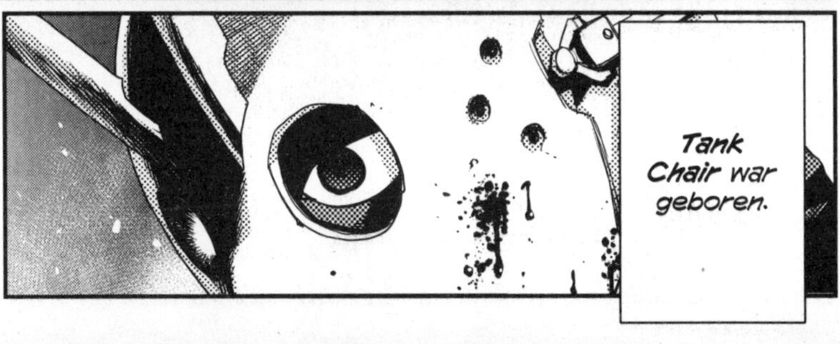

Tank Chair war geboren.

KRAH

KRAH

Wie oft noch?! Nein!

Erzähl mir was Neues. Wir waren auch auf der Akademie.

Oh, Kaffee? Keine Cola?

Ihr wollt euch mit jemandem anlegen, den alle Regierungen der Erde mit höchster Alarmbereitschaft beobachten.

Wenn ihr leben wollt, müsst ihr abtauchen. Plastische Chirurgie wäre auch nicht verkehrt.

Ich weiß, wie nett du bist.

Was?

Spiel nicht mit deinem bewusstlosen Bruder!

WOBBEL ガク

Schau! Nagi fleht dich auch an!

HIT

WOBBEL

Ich weiß, dass du uns ständig beobachtet hast.

...

Du willst nur nicht, dass wir draufgehen.

Danke.

Aber unser Entschluss steht.

Wir sind die längste Zeit weggerannt. Jetzt kämpfen wir.

Untypisch für mich, aber sie ließ mich nicht mehr los.

Eine Schwester wie ich, selbst schuld am Verlust ihres Bruders ...

Aber nicht falsch verstehen. Ich mach das nur für die Analysedaten.

Yay!

Ich geb's auf. Ich beiß eh auf Granit.

Leider ist die Situation kompliziert.

Die belagern mittlerweile die gesamte Insel.

Ach, die Kurosakas sind also auch noch hier.

Ihnen steht ein neuer A-Klässler zur Seite.

Und Dick und Doof mit ihren Lakaien aus der C-Klasse sind ziemlich wachsam.

Er hat diese Insel, wo nur die Stärksten überleben, fest im Griff und minimiert Nagis Chancen aufzuwachen ... Durchgeknallt, aber effektiv. Wenn er das weiterhin durchzieht ...

Er tötet alle, die auch nur ansatzweise als Medizin für Nagi in Frage kommen.

... sind wir geliefert.

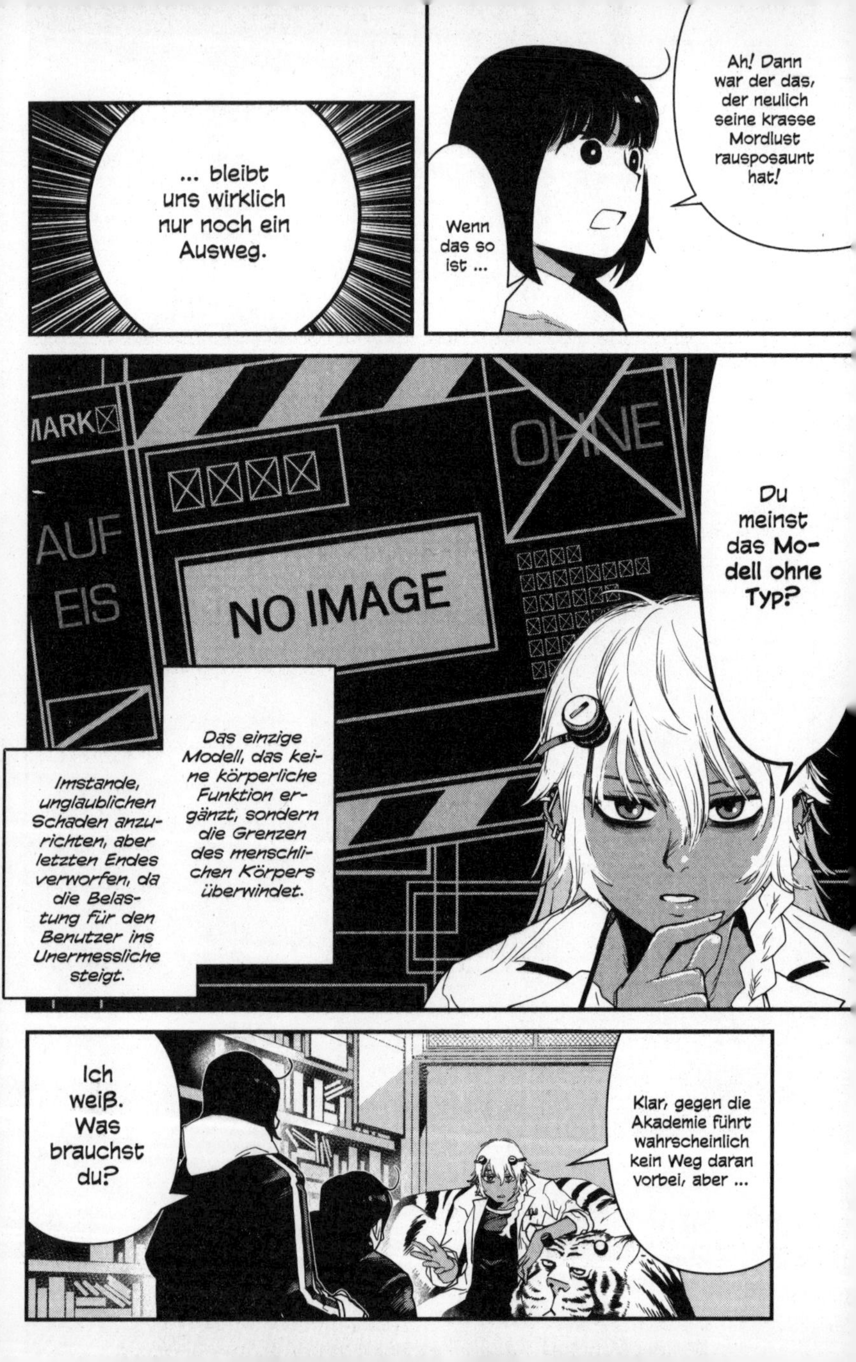

... bleibt uns wirklich nur noch ein Ausweg.

Ah! Dann war der das, der neulich seine krasse Mordlust rausposaunt hat!

Wenn das so ist ...

Du meinst das Modell ohne Typ?

MARK☒

OHNE

AUF EIS

☒☒☒☒

NO IMAGE

☒☒☒☒
☒☒☒☒☒☒☒

Das einzige Modell, das keine körperliche Funktion ergänzt, sondern die Grenzen des menschlichen Körpers überwindet.

Imstande, unglaublichen Schaden anzurichten, aber letzten Endes verworfen, da die Belastung für den Benutzer ins Unermessliche steigt.

Ich weiß. Was brauchst du?

Klar, gegen die Akademie führt wahrscheinlich kein Weg daran vorbei, aber ...

殺

STIRB

„Meta-Metall"
Mineralisches
Halblebewe-
sen, welches
auf menschliche
Gehirnwelle re-
agiert und sich
aushärten und
die Gestalt
wandeln kann.

Mate-
rial

Der Fahrer
(Nagi) muss
drei Minuten
lang der Mord-
lust von 100
Menschen aus-
gesetzt sein.

Zünd-
schlüs-
sel

Ach, kriegen
wir schon hin.
Oder besser
gesagt, Nagi.

Hähähä ...

Bild einer Schwester, die ihren bewusstlosen Bruder verarscht.

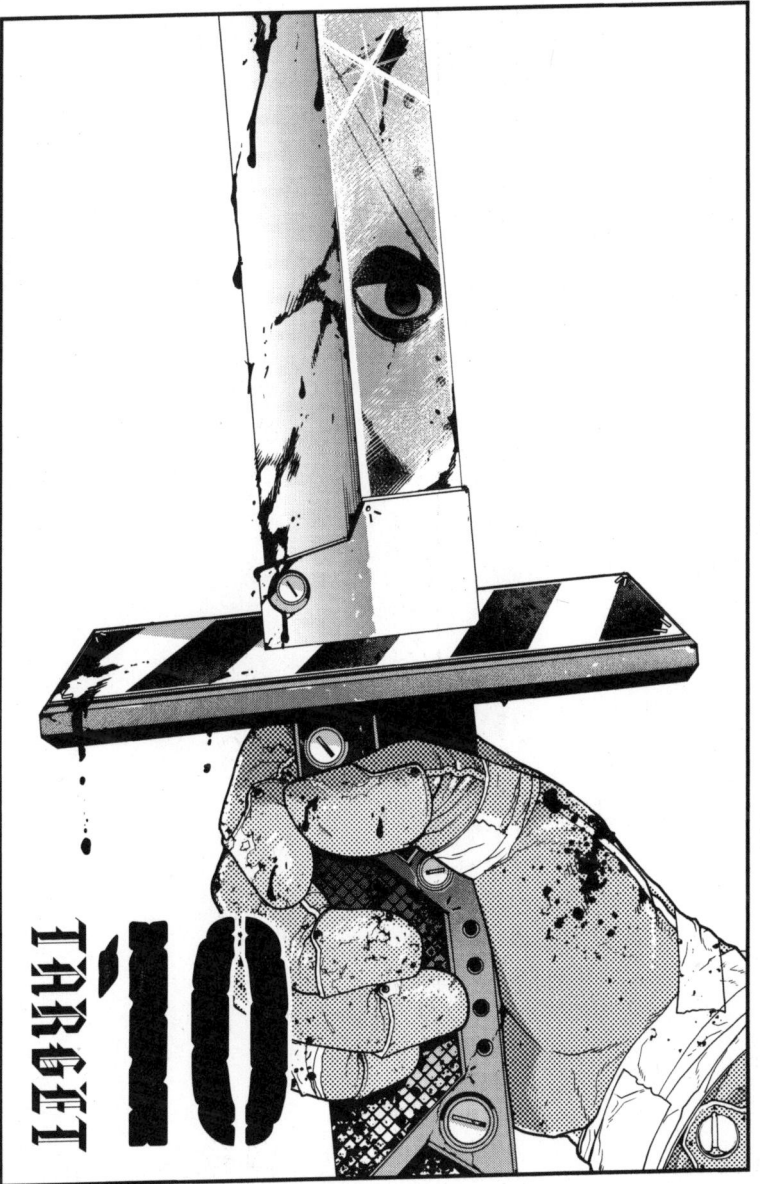

HFSCHHH アアア....

Lauft!!

Sie ha-
ben uns
gleich!!

TAPP

TAPP

TAPP

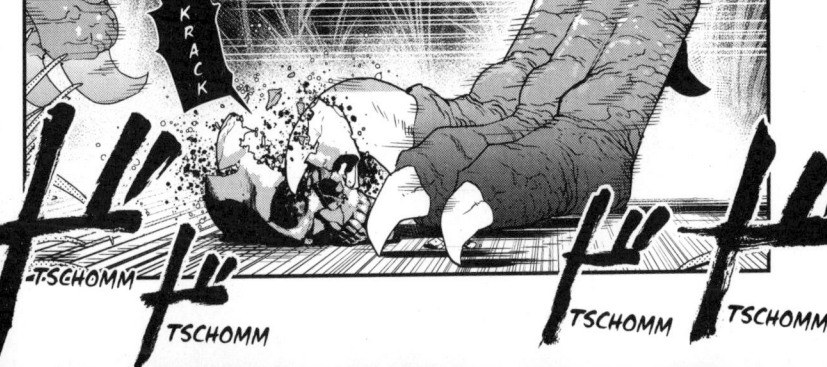

KRACK

TSCHOMM

TSCHOMM

TSCHOMM

TSCHOMM

*Sicherheit geht vor

Lasst und raaaus!

のそ…
STAPF

のそ…
STAPF

PZZ

Ihr ...
Wichser!!

AGH!

ZCK

RMPP

...

PSCHHH.... ZUCK

Lh...

ZUCK

Lh...

ZUCK

Ihr Straßenkinder von Guicheng existiert quasi gar nicht. Aber außerhalb der Insel zahlt man ein Vermögen für euch!

Ihr bleibt, wo ihr seid.

OSHIOKI

ZAZAZAMM

Nicht aufgeben! Renn weiter!

Hah! Ich kann ... nicht mehr ...

...?

Hah!

Hah!

Hah!

...

Tank Chair
Typ Zwei:
Schwert

Was war das ...?

Kein Plan!

Du wagst es, ein Schwert zu führen?!

Wer bist du?!

STIRB

... aufgeschlitzt!

Schurke! Wer sich uns in den Weg stellt, wird ...

Krass! Wie hat er das gemacht?!

?!

Kriil!

WUMM WUMM WUMM

Was zum ...?!

Bitte erhebt Euch!!

Anführer! Anführer!

KASHIR

*Anführer

DZODOMM

Doc! War jemand mit Meta-Metall dabei?

Nö, nix be- merkt.

...

KASHIR

WUBB

Muuuuurgh!!

O, Muramasa! Höre meine Gedanken!

Es hat die Form geändert?!

ドドド... SSST

WOING

Gート...

Axt-Modus!

Muramasa!

WHAZAAAM

ギャルルルルルルル

ZRRRRRM

Huah!

SWUSCH

Uh...

...nh!

ブ

WO

MM

DZRMM

DZPP

SKRASCH

Speer-
Modus!

FWIMM

Du miese
kleine ...

SIRR

WIRR

WIRR

WIRR

DOPP

Is...

Ah!!

GHHHHHN ギ ギ ギ ギ ギ

Ist das krass, Junge!!

Halblebendiges Metall, das auf Gehirnwellen reagiert.

Eindeutig Meta-Metall!

SCHLÄNGEL 456333...

Er hat mit bloßer Hand meine Klinge gestoppt?!

Komm zurück!

Das hole ich mir.

Sehr gut.

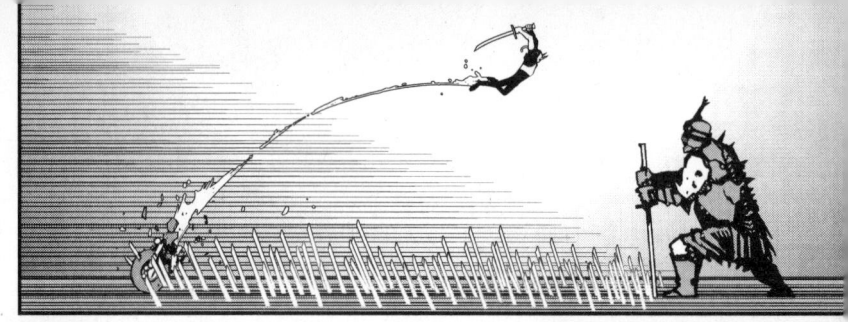

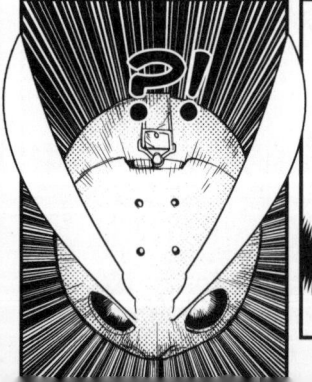

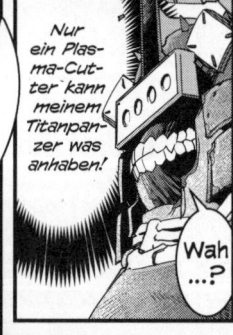

Nur ein Plasma-Cutter kann meinem Titanpanzer was anhaben!

Wah ....?

GRRR

HULLLP

OH ...
BRAVO
...!

Er hatte
es ... von
Anfang an
auf die eine
Schwachstelle
meiner Rüs-
tung abgese-
hen?!

KRICK   KRCK
KRCK

Hiiiek!

Hii ...

Si ...
Sind wir
gerettet?

Tank
Chair.

Wer
zum
Teu-
fel ist
das?

...

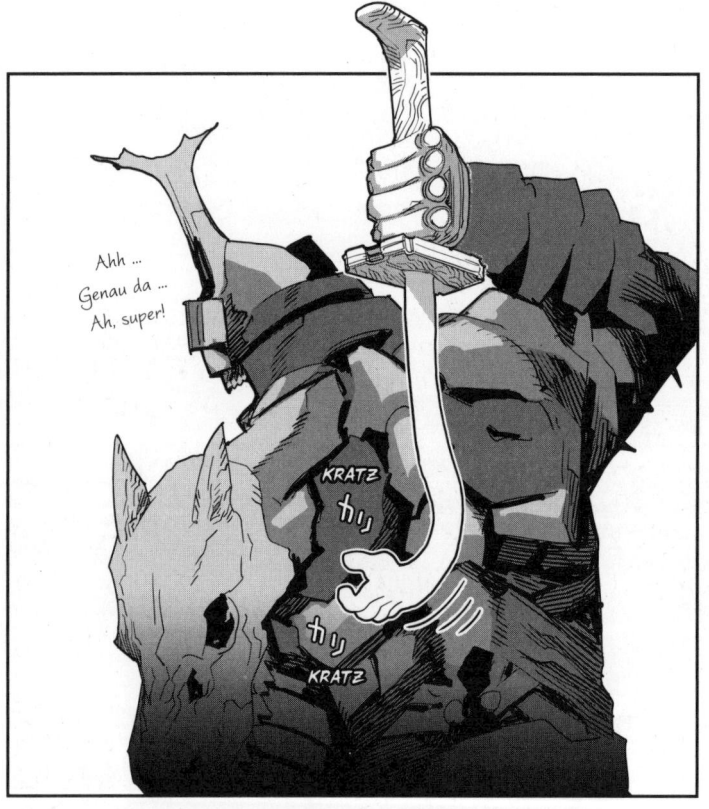

Muramasa: Rückenkratzer-Modus

Aus irgendeinem Grund
der meistbenutzte Modus.

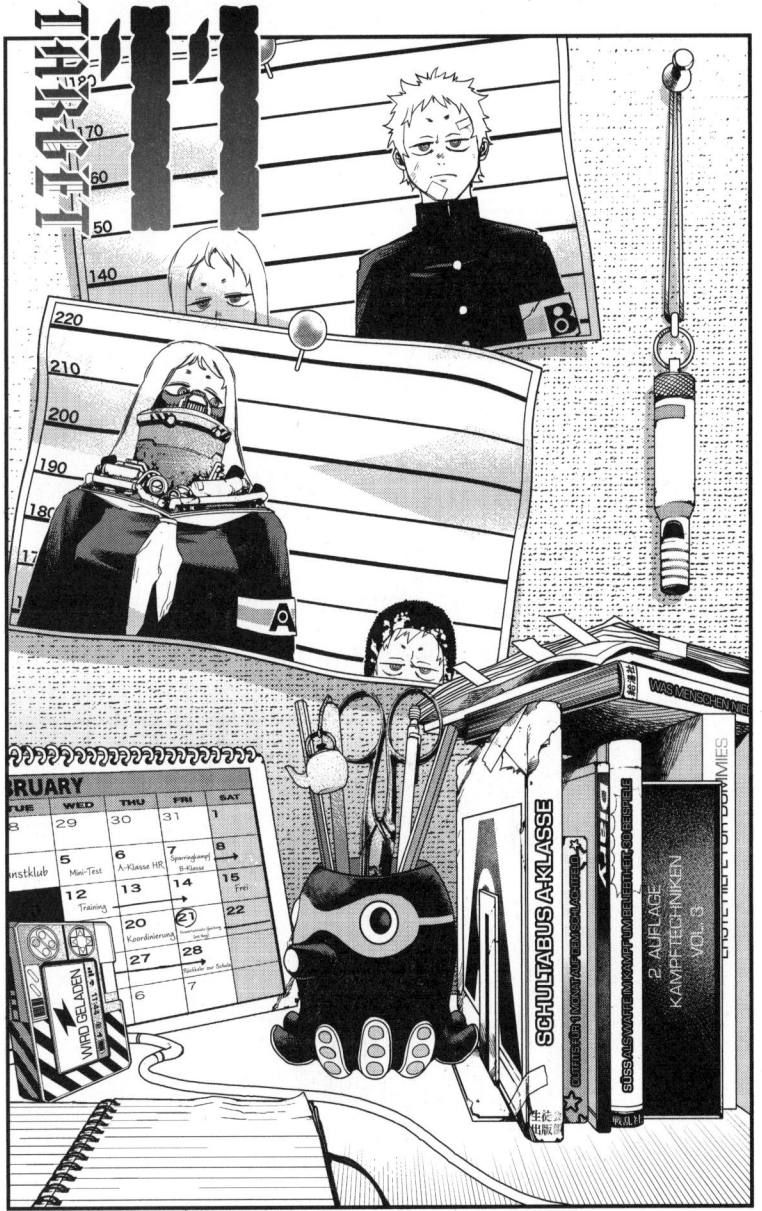

Äh ...
Tut mir
wirklich
leid.

Als wüsste
er genau,
was wir als
Nächstes
tun.

Er ist uns
immer einen
Schritt
voraus.

Sieh
an.

VNN
ウィン

ウィン
VNN

Hm.

...

Wen haben wir ...

... denn da?

?!

Agh!

Alles gut?

Hah!

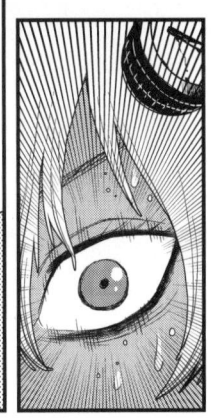

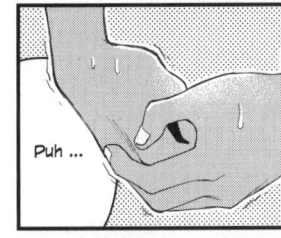

Puh ...

Das war's dann wohl mit der Überwachung durch meine „Augen".

Der Älteste ... Er weiß, dass er beobachtet wird.

Der ist noch ungeheuerlicher, als ich ihn mir vorgestellt hatte.

...!!

Ja, oder?

RMB

RMB

Gegen ihn
kommt tat-
sächlich nur
das Modell
ohne Typ
infrage.

RMB

シュー…
FSCH

シュー…
FSCH

RMB

RMB

Wir müssen
es schleu-
nigst fertig-
stellen!

Ist euch
das ent-
gangen?

Einer
von Nagis
Verbünde-
ten scheint
Tiere kont-
rollieren zu
können.

War wohl ein Fehler, euch beide in die A-Klasse zu befördern.

...

POCH

ズキ...

ズキ... POCH

...

POCH ズキ...

ズキ...

POCH

Doch nur beschädigte Gefäße.

Ja, Uzu?

Ich!

Ich!

Hier!

Ich!

ピーン

FWUPP

Ja-wohl!

Ich hab über einen meiner Kanäle rausgefunden, wo die Tahiras stecken könnten.

Unterbrich ihn nicht!

Fahr fort.

...

Ruhe!

Das hast du uns nicht gesagt ...!

?!

Auf dieser Insel regiert die Gewalt. Also dachte ich, der schnellste Weg an Informationen führt über die Demonstration von Macht.

Und wenn ich dabei Nagi seine Medizin wegnehme, umso besser.

Seit ich angekommen bin, räume ich die Starken aus dem Weg.

Und zwar so auffällig wie möglich.

Den Starken liegt die Welt zu Füßen.

Gute Einschätzung.

So hab ich von einer neuen Untergrundorganisation erfahren.

Ge-nau!

Jedenfalls kommen meine Quellen jetzt mit sämtlichen Informationen zu mir.

Allerdings benutzen sie ein interessantes Symbol.

Sie besteht eigentlich nur aus Waisenkindern ...

BIEP

... und abgesehen von Diebstahl haben sie eine weiße Weste.

VUNN

SCHRITTEMPO

BIBIEP

BZZZ

Und zwar dieses hier.

Ein Rollstuhl.

Eindeutig, oder?

Man munkelt auch, dass die irgendwo unter der Erde an was Großem basteln.

Ich finde, das sollte man mal untersuchen.

Ich stimme dir zu.

...

ビシッ
SALUTIER

Roger!

Besten Dank!

Ab jetzt hat Uzu das Kommando!

FEIX

Er hat die Infos für sich behalten, um vor dem Ältesten besser dazustehen!

Dieser Hund!

スゥ…
SSST

Uzu.

Das Geschenk will noch überreicht werden.

Oh, ach ja.

BZZ
ザザ…

Dann macht bitte weiter.

スッ
FWPP

BIIIEP

...

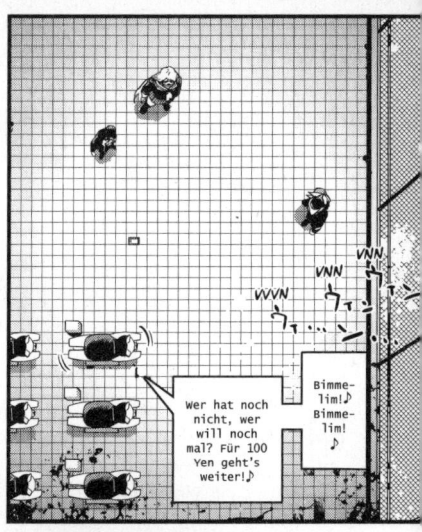

Hahaha! Jetzt guck doch nicht so böse!

In der A-Klasse sind Geheimnisse doch nichts Ungewöhnliches.

VNN

VNN

VVVN

Wer hat noch nicht, wer will noch mal? Für 100 Yen geht's weiter!♪

Bimmel-lim!♪ Bimmel-lim!♪

Was war das für ein Geschenk?

...

TSCHA

CK

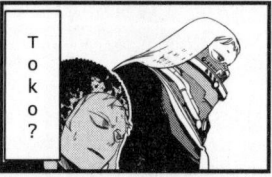

Toko?

HOPP

Ah, da ist es ja!

GON RSCH

Oh, genau!

Das soll ich Toko vom Ältesten überreichen.

GON RSCH

Hm?

Was?!

Kartusche Nr. 5.

Das Gas wird sie töten, aber vorher kann sie noch ein letztes Mal richtig abgehen.

Der Chemie-Klub hat was Besonderes ausgetüftelt.

Tokos körperliche Fähigkeiten werden doch durch Gas stimuliert.

Was ist das?

...

Es wird sie töten ...?

Nein, Mann.

Hat mir der Älteste gegeben.

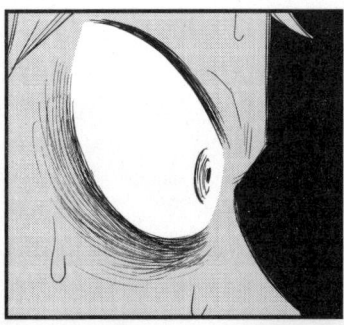

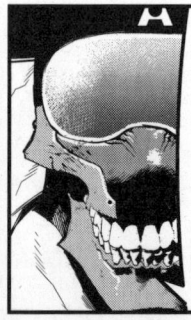

Äh, ja. Wenn sie die Kartusche benutzt, wird sie sterben.

ICH WILL AUCH, DASS DER ÄLTESTE MIR GESCHENKE MACHT.

BENEI-DENSWERT.

...

Das be-
wahre ich
für dich
auf.

ZOPP

... wann du es einsetzt.

Und ich bestimme auch ...

NOTENLISTE B-KLASSE

NAOZUMI KUROSAKA

SCHWARZES BRETT

...

Vor allem, wenn es jemanden gibt, den ich beschützen muss.

STARR

Ich kenne die Risiken.

Aber wenn ich hier überleben will ... muss ich stärker werden.

Was hast du gesagt?

„Ich werde dich beschützen, Bruderherz."

Fiep.

Ich ließ mir den Migräne-Kraken implantieren und ging ein halbes Jahr durch die Hölle. Als ich zurückkam, erwartete mich eine Toko, die sich ohne mein Wissen einer Körpermodifikation unterzogen hatte.

ゴォォォォォ
FUOOOH

Was
bleibt
uns denn
sonst
übrig
...?

ズキ…
POCH

ズキ…
POCH

ズキ…
POCH

Nicht mehr lange.

Schon bald werde ich zur vollkommenen Version meiner selbst ...

Maskottchen der Kaufhauskette Onigashima
Stummelhase

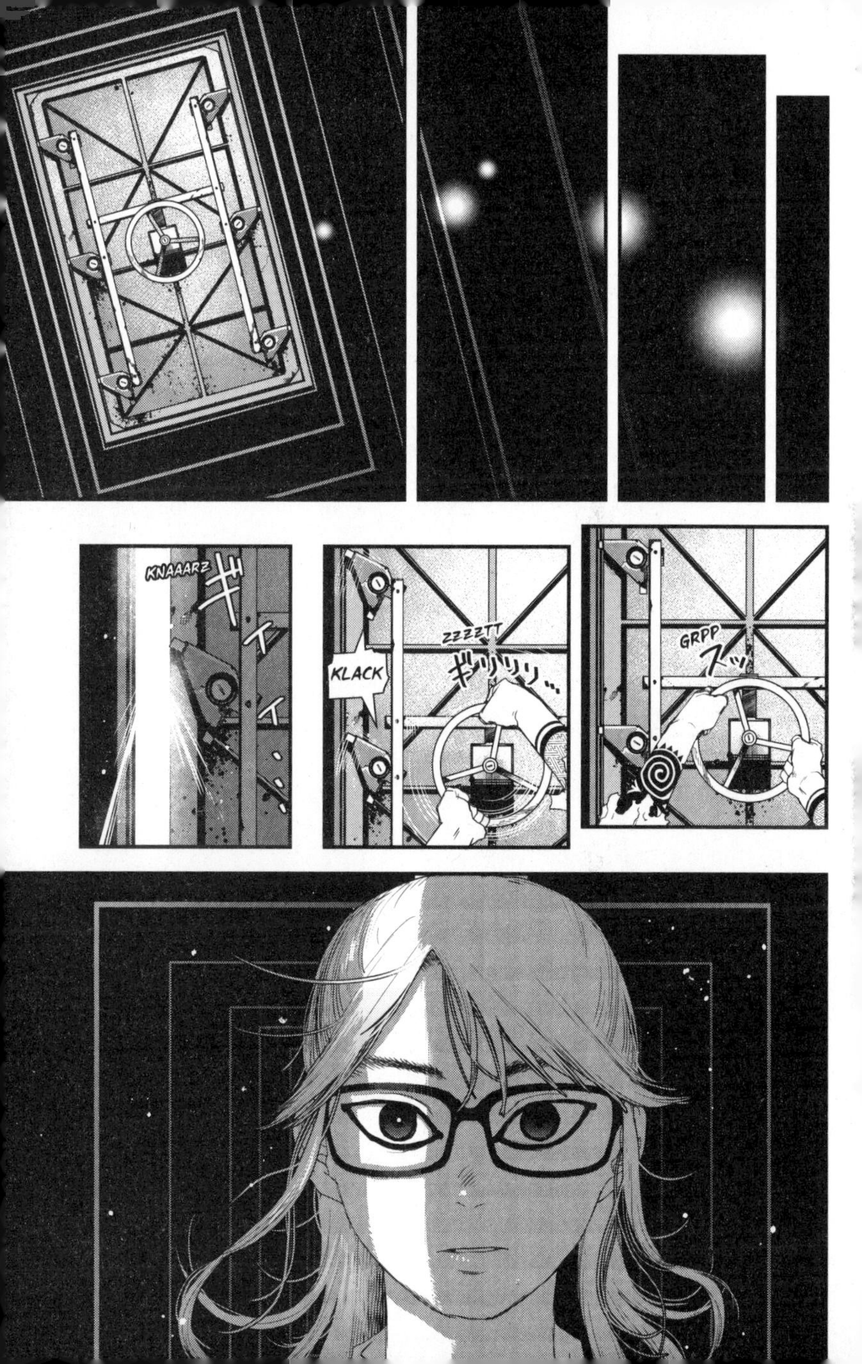

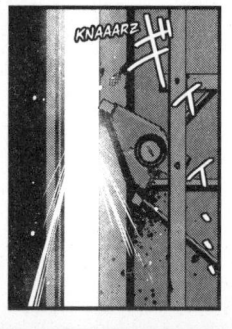

KNAAARZ

KLACK

ZZZZTT

GRPP

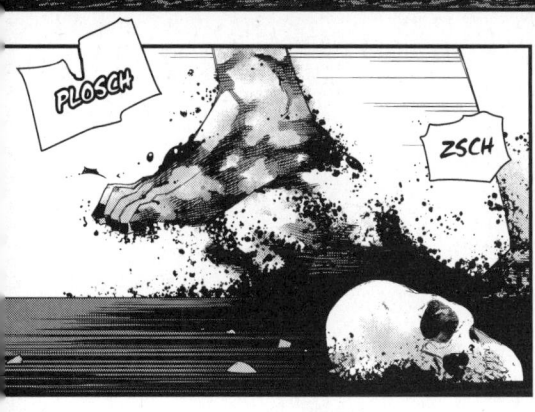

157

Ist lange her.

Ich wusste, dass Sie bald kommen würden.

Nagi.

Dieser Raum entsteht schließlich nur, wenn einem von uns etwas auf dem Herzen liegt.

Dann willst du also auch mit mir reden?

RSCH

RSCH RSCH

Ich schätze schon.

BLUPP

STARR

じっ・・・

FWPP トッ

...

Was wird das?

Früher konntest du im Handumdrehen jede Wunde heilen.

Deine Besonderheit lässt dich die Mordabsicht anderer absorbieren, um stärker zu werden.

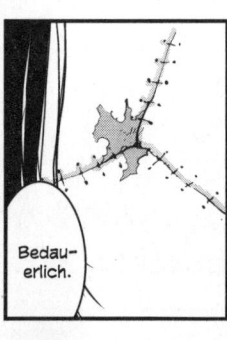

Bedauerlich.

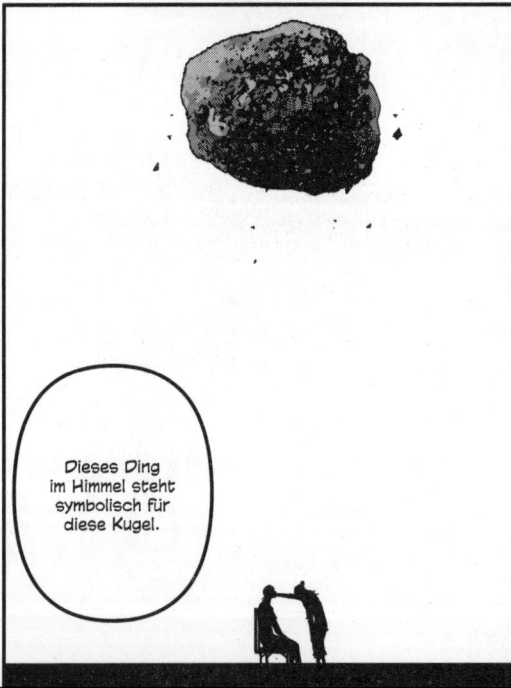

Dieses Ding im Himmel steht symbolisch für diese Kugel.

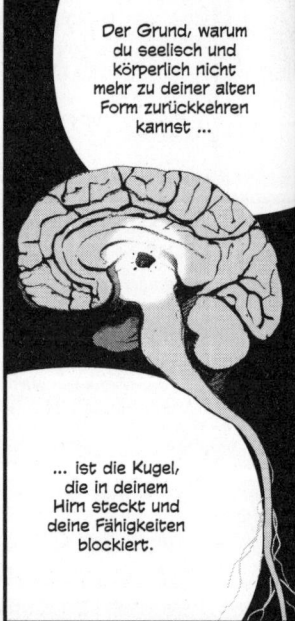

Der Grund, warum du seelisch und körperlich nicht mehr zu deiner alten Form zurückkehren kannst ...

... ist die Kugel, die in deinem Hirn steckt und deine Fähigkeiten blockiert.

Wenn, dann nur ...

Es muss einiges schiefgehen, damit ein Krieger deines Kalibers so eine Verletzung erleidet.

...

RASCHEL

!!

Ich wusste, dass diese **Ratte** nur die Pest über dich bringt. Ich hätte sie ausmerzen sollen.

WATSCH

... weil du jemanden **beschützt hast.**

Ältester ... Ich hab der Akademie den Rücken gekehrt, weil Sie Shizuka töten wollten.

Ich bitte Sie. Lassen Sie uns einfach in Ruhe.

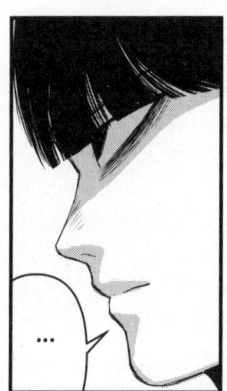

Durch meinen unermesslichen Tötungswillen könntest du deine einstigen Gestalt wiedererlangen. Ganz zu schweigen von der Vollkommenheit. Komm zurück!

Noch ist es nicht zu spät.

...

Vollkommenheit?

Weil Sie wollen, dass ich auch so werde wie Sie?

...

Hm?
Nein, das
war zu
weit ...

Äh,
also
...

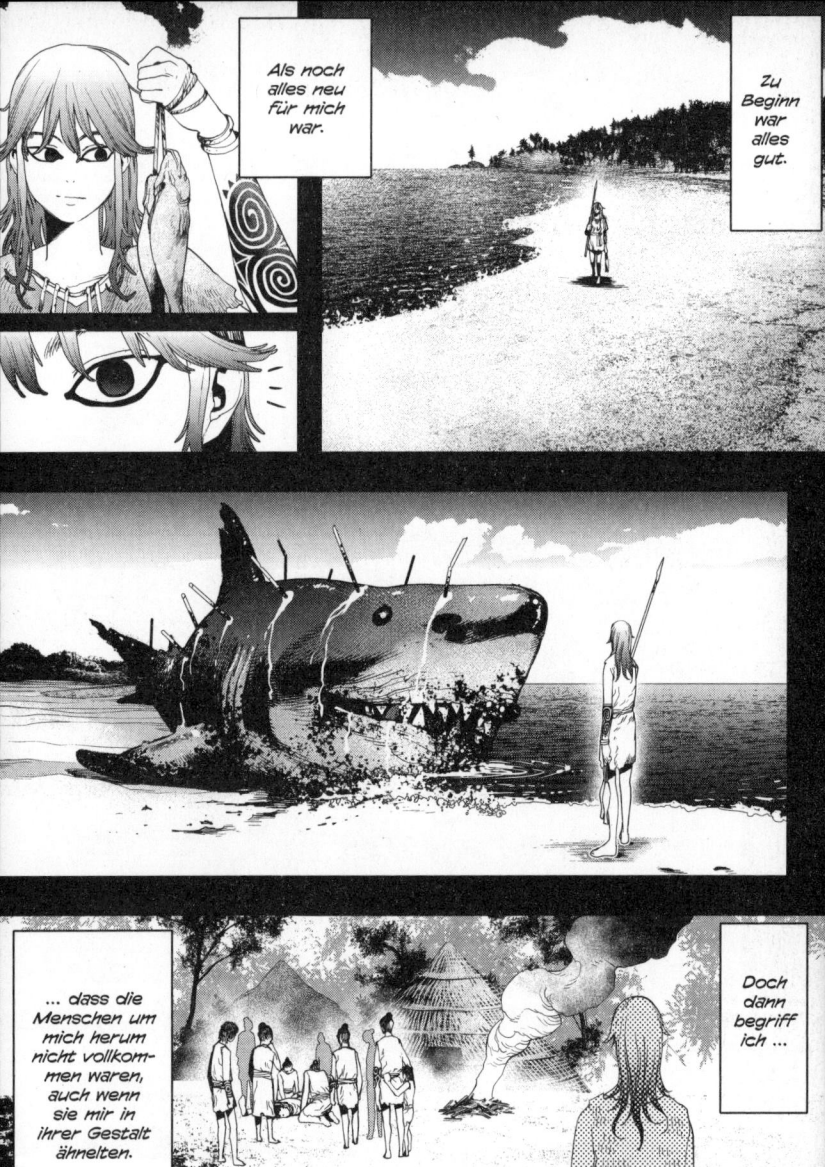

Als noch alles neu für mich war.

Zu Beginn war alles gut.

... dass die Menschen um mich herum nicht vollkommen waren, auch wenn sie mir in ihrer Gestalt ähnelten.

Doch dann begriff ich ...

Sie konnten mit mir keinen Nachwuchs zeugen.

Sie hörten nicht, wenn einen Kilometer entfernt eine Nadel zu Boden fiel.

Sie konnten nur maximal das Fünffache ihres Gewichts tragen.

Ihre Wunden verheilten nicht augenblicklich.

Ihre Sicht war auf ein schmales Spektrum elektromagnetischer Wellen begrenzt.

Sie mussten schlafen.

Und als wäre das nicht genug ...

... waren sie sterblich.

„Dämon."

„Gott."

Auch dass ich die Akademie gegründet und all die Kinder zusammengetrommelt habe, diente nur diesem Zweck.

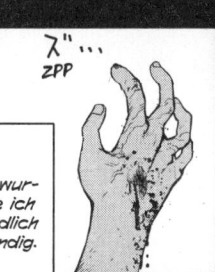

ズ… ZPP

… wurde ich endlich fündig.

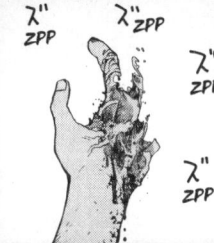

ズ ZPP
ズ ZPP
ズ ZPP
ズ ZPP

Und dann, vor zehn Jahren …

Auch wenn es nur durch das Absorbieren von Mordlust geschah, war da ein Junge, der so werden konnte wie ich.

GRPP

Ein potenziell vollkommenes Gefäß ...

... warst du!

Und das...

Verstehe.

...

KNAAARZ

Nächstes Mal sehen wir uns von Angesicht zu Angesicht.

Nagi.

Ich habe noch nicht aufgegeben.

RSCH

WABER

KLONK

Ganz toll, echt.

Hah!

...

Die Mordlust des Ältesten würde dich bestimmt heilen, oder?

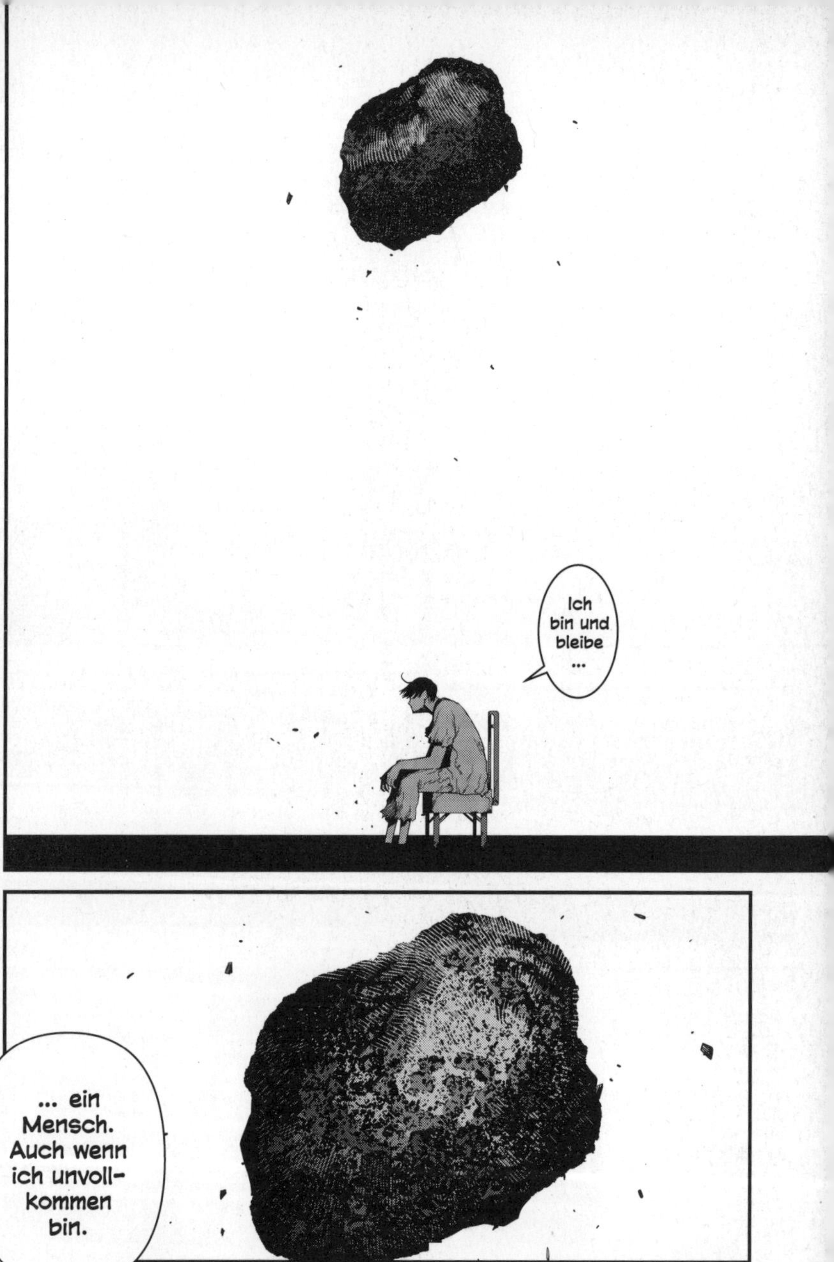

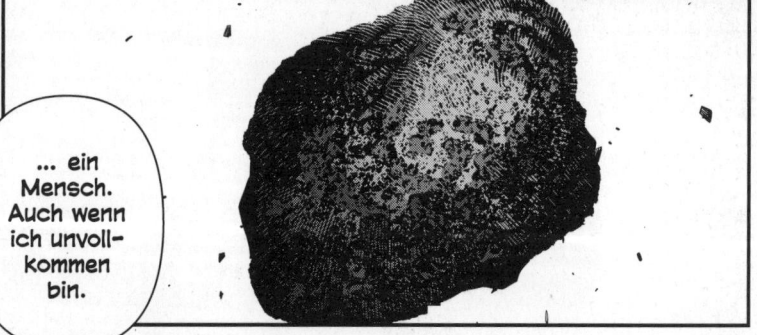

Ich bin und bleibe ...

... ein Mensch. Auch wenn ich unvollkommen bin.

TANK CHAIR

NEXT TARGET IS·····

Hey, Doc!

Was ist?

Hm? Nö.

Gerade ...

Wird dir nicht langweilig?

Was treibst du hier so?

In dieser gottverlassenen Einöde ...

Oder ich zock 'ne Runde.

Kh! Nicht den Finisher! Was mach ich denn?!

KLACK

KLACK

Ugh! Ich bin echt gut.

SCHLOPP

... spiele ich gern Shogi.

174

SUTOPPU!

Koko wa kono manga no owari dayo.
Hantaigawa kara yomihajimete ne!
Dewa omatase shimashita!
Tanoshii hitotoki wo dozo!

Egmont-Manga-Chiimu

STOPP!

**Das ist der Schluss des Mangas.
Fangt bitte am anderen Ende an!
Und nun genug der Vorrede,
viel Spaß beim Lesen!**

Euer Egmont-Manga-Team

www.egmont-manga.de
Unsere Bücher findest du im
Buch- und Fachhandel und auf

KODANSHA

www.egmont-shop.de

„Tank Chair" 02 von Manabu Yashiro
Aus dem Japanischen von Gandalf Bartholomäus

Originalausgabe:
© 2023 Manabu Yashiro. All rights reserved.
First published in Japan in 2023 by Kodansha Ltd.,
Tokyo.
Publication rights for this German edition arranged
through Kodansha Ltd., Tokyo.

Deutschsprachige Ausgabe erschienen bei:
Egmont Manga verlegt durch
Egmont Verlagsgesellschaften mbH,
Ritterstr. 26, 10969 Berlin

1. Auflage 2024
Verantwortlicher Redakteur: Marco Walz
Gestaltung: Laura Bartels
Koordination: Angelika Schönhuber
Printed in the EU
ISBN 978-3-7555-0387-3

**story
house**
EGMONT